U0155449

哈哈哈！有趣的动物（第一辑）

霸王龙

〔法〕蒂埃里·德迪厄 著

大南南 译

C⁴S 湖南教育出版社

·长沙·

"我快要醒了！我快要醒了！我快……"

凶猛的霸王龙 = 暴君蜥蜴之王

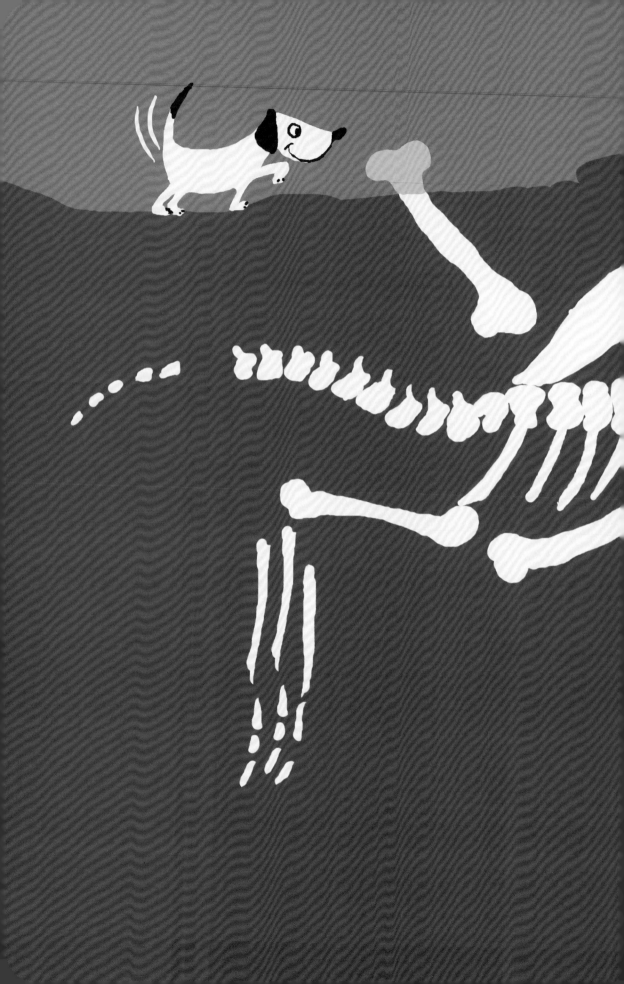

这是霸王龙的骨骼化石。

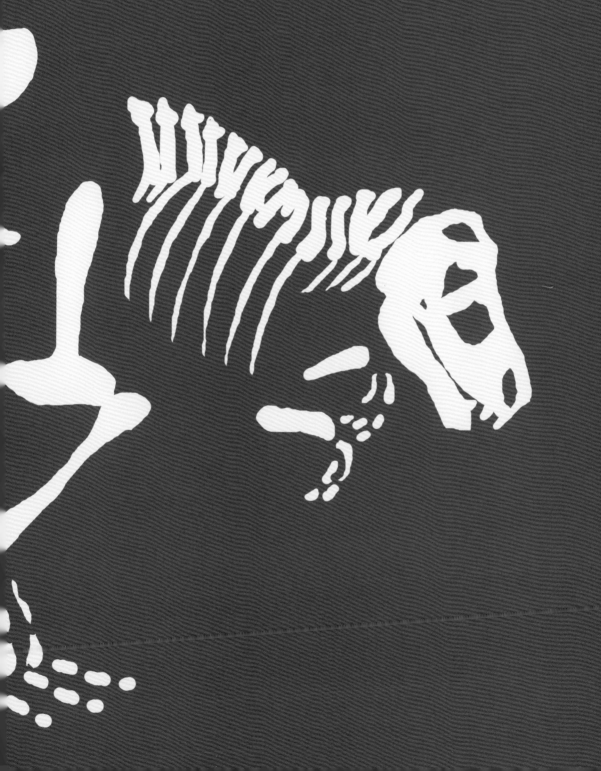

霸王龙的体重约 6～8 吨，身长约 12～15 米！

霸王龙的尾巴可以调节身体平衡。

霸王龙的胳膊非常短。

霸王龙宝宝破壳而出。

霸王龙是肉食动物，只爱吃肉。

霸王龙是食腐动物，酷爱吃动物的尸体。

在恐龙时代，还没有出现人类。

一天，陨石撞击地球，
气候剧变，所有的恐龙都消失了。

如何带着一岁的孩子读
《哈哈哈！
有趣的动物》

一岁的孩子就能读科普书？

没错，因为这是永田达爷爷特别为低龄小朋友准备的启蒙科普书。家长们会发现，这本书的文字量很少，画面传递的信息非常精简，但是非常有趣，特别适合爸爸妈妈跟孩子进行亲子阅读。

赶紧和孩子一起打开这本《霸王龙》，跟着永田达爷爷一起来观察霸王龙吧！

霸王龙可能是恐龙世界里知名度最高的"明星"了，翻开书，请孩子说一说，霸王龙跟蜥蜴长得像吗？它的尾巴可以用来保持身体平衡，是不是有点儿像跷跷板？霸王龙的胳膊非常短，让孩子把自己的胳膊伸长了比一比。合上书，请孩子回忆一下，霸王龙爱吃什么？霸王龙出现的时候，有没有人类呢？我们现在只能看到恐龙的化石了，那么恐龙是怎么灭绝的呢？

图书在版编目（CIP）数据

哈哈哈！有趣的动物. 第一辑. 霸王龙 /（法）蒂埃里·德迪厄著；
大南南译. —长沙：湖南教育出版社，2022.11
ISBN 978-7-5539-9284-6

Ⅰ. ①哈… Ⅱ. ①蒂… ②大… Ⅲ. ①恐龙 – 儿童读物 Ⅳ. ①Q95–49

中国版本图书馆CIP数据核字（2022）第190719号

First published in France under the title:
Le Tyrannosaure
Tatsu Nagata
© Éditions du Seuil, 2016
著作权合同登记号：18-2022-213

HAHAHA! YOUQU DE DONGWU DI-YI JI BAWANGLONG

哈哈哈！有趣的动物 第一辑　霸王龙

责任编辑：姚晶晶　陈慧娜　李静茹
责任校对：王怀玉
封面设计：熊　婷
出版发行：湖南教育出版社（长沙市韶山北路443号）
电子邮箱：hnjycbs@sina.com
客服电话：0731-85486979
经　　销：湖南省新华书店
印　　刷：长沙新湘诚印刷有限公司
开　　本：787 mm×1092 mm　1/16
印　　张：1.75
字　　数：10千字
版　　次：2022年11月第1版
印　　次：2022年11月第1次印刷
书　　号：ISBN978-7-5539-9284-6
定　　价：152.00 元（全8册）